中国野生动物保护协会 支持出版

绿野寻踪

# 金丝猴

雍严格　雍立军　曹　庆　编著

雍严格　雍立军　摄影

中国林业出版社

# 目 录

金丝猴分类与分布 /4

    滇金丝猴 /6
    黔金丝猴 /8
    越南金丝猴 /10
    川金丝猴 /11

第一篇  金丝猴的社群特征 /14

第二篇  金丝猴的个体行为模式 /24

    亲密行为 /26
    作威行为 /30
    威胁行为 /32
    攻击行为 /34
    屈服行为 /36
    繁殖行为 /38

第三篇  金丝猴的活动规律与节奏 /42

第四篇  金丝猴种群繁衍特征 /46

第五篇　金丝猴对生存环境的利用／52

第六篇　金丝猴的食性／59

第七篇　金丝猴的生存对策／61

常见疾病／62
环境保护色／64

第八篇　金丝猴的伴生动物／66

第九篇　来自人类的威胁／68

第十篇　未来的希望／70

# 金丝猴 *Rhinopithecus roxelana*
## 分类与分布

金丝猴又叫川金丝猴，它的学名是 *Rhinopithecus roxelana*，英文名是 Golden Monkey 或是 Sichuan Snub-nosed Monkey。在动物分类上属灵长目、猴科、疣猴亚科、仰鼻猴属。它的鼻梁凹陷，鼻孔上仰，毛色金黄，光亮如丝，所以通常就叫它金丝猴或四川仰鼻猴。

世界上一共有4种叫作"金丝猴"的猴类，它们分别是我们俗称的川金丝猴、滇金丝猴 *Rhinopithecus bieti*、黔金丝猴 *Rhinopithecus brelichi* 及越南金丝猴 *Rhinopithecus avunculus*。"滇金丝猴"和"黔金丝猴"身上毛色并非金黄色，却也叫作"金丝猴"，是因为过去在分类学上，曾一度把"滇金丝猴"和"黔金丝猴"看成是川金丝猴的亚种。为了区别川金丝猴，按两个亚种最早定名时的模式标本产地（云南和贵州）分别称"滇金丝猴"和"黔金丝猴"。用现代形态学和分子生物学研究后，发现川金丝猴、滇金丝猴和黔金丝猴都是独立种。那么，滇金丝猴、黔金丝猴身上没有金黄色毛，称"金丝猴"似乎不科学，只有称作"云南仰鼻猴"和"贵州仰鼻猴"最合适。但"金丝猴"已是大家对这两个种最熟知的称呼，更改名称反而会引起误解，依"约定俗成"原则，它们的中文名仍加上"金丝猴"。越南金丝猴一直是一个独立种，在国外没有"金丝猴"名称，只叫作东京仰鼻猴（Tonkin Snub-nosed Monkey）。

# 滇金丝猴

　　滇金丝猴身体比川金丝猴稍大，体长740～830mm，尾长510～720mm，身体背面、侧面、四肢外侧及手、足、尾均为灰黑色。在体背面还具有灰白色的稀疏长毛。颈侧、腹面、臀部及四肢内侧均为白色。最特殊的就是它们鲜丽的红嘴唇。

　　滇金丝猴分布于澜沧江与金沙江之间云岭山脉主峰两侧的高山深谷地带，分布面积约20 000 km²，向北伸长达西藏境内的宁静山脉，包括云南的德钦、维西、丽江、剑川、兰坪、云龙等地，以及西藏芒康境内，数量仅有1000余只，栖息于海拔3300～4100m的高山暗针叶林带。这是除了人类之外，分布海拔最高的灵长类动物。滇金丝猴的群体不大，每群多为20～60只，150只以上的大群少见。为多雄多雌的混合群体，有社群等级行为。没有明显的季节性的垂直迁移现象。活动范围随猴群大小不同，约在20～133.4km²，平均密度1.12～2.5只/km²。食物以松萝、地衣为主，也吃一些野果和嫩枝芽及幼叶，5～7月间还吃箭竹的竹笋和嫩竹叶。11月中旬在它们的分布地常可见到成年雌猴几乎都抱有幼仔，而且大小都比较整齐，大多是在7～8月出生的。由于滇金丝猴栖息地比川金丝猴海拔高，气温较低，所以产仔期要迟2～3个月。

# 黔金丝猴

　　黔金丝猴体形似川金丝猴，鼻孔上仰，吻鼻部略向下凹，不像川金丝猴那样肿胀。脸部灰白或浅蓝色，头顶前面毛的基部金黄色，至体后部毛色逐渐变为灰白，毛尖黑色。耳缘白色，背部灰褐色。两肩之间有一白色块斑，毛长达16cm。上肢的肩部外侧至手背由浅灰褐色逐渐变为黑色，下肢毛色变化与上肢相同，尾长超过身体之长。仅在贵州省东北部的梵净山有黔金丝猴的分布。梵净山是武陵山脉的主峰，是黔金丝猴在世界上的惟一分布地。栖息于海拔1700m以上的山地阔叶林中，主要在树上活动，结群生活，有季节性分群与合群现象。以多种植物的叶、芽、花、果及树皮为食。梵净山不仅树林茂密，而且坡陡谷深，生长着珙桐、银杏、冷杉、红豆杉等古老的珍稀植物。这里保存着黔金丝猴5个自然种群，约750

只。曾经有不少专家在这里进行过黔金丝猴的种群调查，却始终没有得出一个较为准确的数据。除了在北京动物园短暂地公开展出过以外，迄今世界上所有的动物园都还没有展出过黔金丝猴。科学家所掌握的标本也非常少，国外仅有一个标本，国内也只有4个标本和一个头骨。直接观察到黔金丝猴群生态活动的人更少。黔金丝猴一般需要3～6年才能繁育1胎，因其种群数量最少，栖息地环境最窄，生态学资料最缺而被濒危野生动植物种国际贸易公约（CITES）列为濒危度最高的"E"级保护动物。化石表明，黔金丝猴在我国曾有广泛分布。长期以来科学家一直未见其活体，曾宣布黔金丝猴已经灭绝。1987年，梵净山国家级自然保护区接受林业部下达的"黔金丝猴野外生态调查"的课题，组织科研人员在不同的片区对黔金丝猴的种群数量展开了调查。经过十几年的努力，在反复科学论证后，终于首次得出了较为准确的数据——现有黔金丝猴比野生大熊猫数量还要稀少，几近灭绝边缘，是世界上数量最少的灵长类动物之一。2006年2月，黔金丝猴野生数量增长至800多只。从无人见过黔金丝猴活体，到寻觅跟踪野生种群，从只有少量黔金丝猴生态资料，到目前拥有黔金丝猴种群、分布、生活习性、生存状态等详尽资料，我国科学家作出了巨大贡献。

# 越南金丝猴

越南金丝猴也叫东京仰鼻猴，体型较小，胸腹部为黑色，四肢内侧浅黄色，是惟一一种在中国以外地区分布的金丝猴。1910年被发现后，直到1989年才再次发现。现在主要分布于越南北部宣光省和北太省之间的石灰岩山地的低海拔亚热带雨林中。现存约有4个种群，总数约250只。以小群活动，通常由一只雄性和多只雌性组成，也有多只雄性的群体，多个小群共同分享一片栖息地。以植物为食，食物随季节而变化。

# 川金丝猴

　　川金丝猴是我国的特有动物,分布于四川西部、陕西南部、湖北西部(神农架)、甘肃南部、重庆(巫山)。它们深居山林,结群生活,背覆金丝"披风",攀树跳跃、腾挪如飞。

　　生活在陕西秦岭的金丝猴,在分类上属于川金丝猴。主要分布在靠近秦岭中部主脊的南北两侧,横亘东西,西至太白,东到柞水这样一个狭长地带,总面积约 $2000km^2$;垂直分布于海拔 1000～3000m 的中山针阔叶混交林和亚高山针叶林带,营树栖生活。秦岭的金丝猴现存总数在 3500～4000 只。

**秦岭的保护区**

本书介绍的主人公——金丝猴——分布在陕西秦岭的川金丝猴，它们体型魁伟，相貌奇特，毛色异于其他猴类。体重15kg左右，体长约50cm，尾长70cm左右，雄性个体大于雌性。颜面天蓝色，鼻孔上仰，吻短嘴圆，唇厚而突出，成年金丝猴嘴角的犬齿部位有肉状突，随着年龄的增大肉状突增大，且由肉红色逐渐变为黑褐色。它的眼睛黑褐色，在额顶形成一撮黑褐色丛毛，颊部及前额的毛为棕黄色，胸腹部呈浅黄白色，前肢上臂和四肢内侧以及肩背披光亮如丝的金黄色长毛（雄性比雌性毛长），显得气派非凡。每年4月开始，从头至尾换毛，至8月换完，秋冬季节毛色最为艳丽。

　20世纪中叶,当欧洲动物学家爱德华在中国第一次发现金丝猴的时候,不由地想起了十字军统帅的夫人洛克安娜,这位著名的美人有着漂亮的翘鼻和金色的头发。由于金丝猴漂亮的外形和这位夫人有着神似之处,从此,这些可爱的精灵就有了"洛克安娜"这个美丽的名字。也正是因为这两个特殊的鼻孔,所有的金丝猴也被称为仰鼻猴。

　金丝猴的尾巴几乎和身体一样长。它们跳跃能力非常强,下肢的爆发力强劲有力,相隔很远的两棵树间,金丝猴可以依靠树技晃动的惯性,一下就跳过去,它的长尾巴起着平衡的作用,这是它们长期适应树栖生活的结果。

# 第一篇 金丝猴的社群特征

金丝猴过着典型的群居性家族生活，其种群结构就像一个家庭，并由很多小家庭构成一个家族社会。每个家族社会的金丝猴少则30～50只，多则300余只，一群之中，老、中、青、幼猴均有。不论群体大小，每个群体中都有若干个小家庭，每一个家庭内有1～2只（视群体大小而不等）壮年雄猴担任"哨猴"重任。哨猴也称作"警卫猴"，其职责是保护整个群体的安全。不论活动或休息，它们都散布在周围较高处警戒，当发现有人或敌害靠近时，立刻会发出"呼哈—呼哈"的报警叫声。这时众猴会跟着叫起来，此呼彼应，迅速逃离。

每个家庭内都有自己的优势家长。家长维护着小家庭的团结，担负着保护小家庭利益的任务。家族群体在集体行动时，组织得非常严密，小猴和携仔的母猴在队伍中间，队伍前后都有健壮的雄猴护卫。猴群的行动非常敏捷，发现异常情况，瞬间便杳无踪迹。危险过后，又能听到它们此起彼伏的嬉戏声。因此，在密林中，人们往往是只闻其声，难见其影。

在人们的印象中，有猴群就有威风凛凛的"猴王"。通过对野外金丝猴生态学和保护生物学的研究发现：金丝猴过着典型的群居性家族社会生活，7～8个家庭聚集在一起，这些家庭构成家族社会。猴群社会中没有猴王。众猴聚集在一起，各个家庭间友好相处，又保持着互不侵犯的默契。每个家庭为一个单元，在家长（大公猴）的带领下活动。

　　由于种群优化选择的原因,当"家长"的大公猴往往比其他公猴体格健壮,体型大,毛色更金黄发亮,脸部的淡蓝色晕也更迷人。家长在其家族群内首先是据有较强的繁殖交配能力。当一只公猴在性成熟后,如果能够占有更多的异性,就可以逐渐取代原有的家长。"历代"家长会随着年龄的增大、交配能力下降而退位下来,由新的家长所取带。

　　"家长"总是大大咧咧地走在家族群的最前面,休息时,找到最有利的位置坐下来,然后,时而用睥睨的目光蔑视着其他群族的同类,担负着保护家庭的任务,还有意无意地炫耀自己乒乓球大小的白色睾丸和黑色的阴茎;时而张大嘴巴,露出锋利的尖齿。它的身后,是一群携儿带女的母猴。

同一个家族群中猴的数量有多有少，有时一只大公猴（家长）拥有十几只母猴，加上猴儿猴孙，这个家庭就有20多只个体。多数的家庭中大公猴只带7～8只母猴和小猴。

庞大的家庭，内部纠纷不可避免。为了家庭的"安定团结"，大公猴常常上窜下跳，与妻妾们爬胯、挠痒、理毛，借以安抚"后院"。对它的那些子女们，更是少有的宽忍，抱抱这个又抱抱那个，充分显示它在家庭里的尊长地位。

家庭内部，进餐时也有顺序。怀孕的母猴被优先照顾，其次是大公猴、其他母猴、小猴。

一只幼猴一出生便受到族群中众多成员的关爱，母猴会将自己的孩子交给家庭中的其他母猴抱，这和人类的阿姨行为、姐姐行为一样。有时大家为了争着抱小猴，还不时发生小的纠纷和摩擦。

金丝猴是母性很强的动物。2005年科学家在野外考察时，曾经见到一只母猴在婴猴夭亡后，怀着"悲痛"的心情，长时期抱着自己已经失水萎焉的孩子的尸体，随同猴群转移奔走达月余。

那些半大的小猴子，是最可爱的表演明星。
它们的毛色为米黄色，比弟妹们的颜色深，又比父母的金黄色淡。
它们可以不再依赖母亲，可以按照自己的喜好和意愿，在自家的地盘嬉耍。
它们有时以同伴的尾巴为玩具；
有时，牵着柔软的树枝在树与树之间跳跃；
有时，在悬崖边的枝藤上，表演着高难度的节目；
有时，它们会惊恐地相互搂抱成一团，
随时准备跟着父母逃走，
当发现没有危险时，会立即重新投入新的表演。
它们亲昵友善、活泼可爱，像一群刚入学校的小学生。
有的小公猴会学习担任"哨猴"的任务，
小母猴有时会很主动地替母亲和阿姨们照顾弟妹。

金丝猴

婴猴紧紧抓住妈妈的体毛，希望找到吮奶的机会，时而将小脑袋从妈妈的胸前移开，用它明亮的眼睛环视周围。这些小婴猴通体淡黄色，具有金属光泽。小婴猴们聚集在一起时，如同一个个嫩黄色的绒线团，时集时散。

家庭之间，常有争斗发生。发生最多的攻击行为是恐吓而不是剧烈撕打，往往以其中一方回避而结束。

成员越多的家庭，在家族群中的地位也就越高。在它们觅食时就能清楚地看到，猴群中"猴丁"最旺的家族能够最先进入到丰食区畅开肚皮享用美餐，其次是猴丁不旺的家庭拣食残羹剩汤，最后才是"光棍猴"吃猴群剩下的渣滓。"光棍猴"，顾名思义，是在家庭外围生活着的由一群公猴组成的群落，它们往往是大公猴恐吓、攻击的对象。

猴群过着集体生活,但各家庭之间很少来往。"家长"也不是"终身制",那些不甘心真要潦倒一生的"光棍猴",会向猴群规则发起挑战。它们随时准备乘虚而入,抢走"家长"成群妻妾中的一个或几个,然后远走他处,自己也晋升为"家长",与别的猴群过着合群的生活。有的"光棍猴"能等到这样的机会,而有的"光棍猴"却只能光棍一生,无法从现任"家长"那里夺来一妻半妾。这些叛逆者们,会受到猴群的共同攻击。

然而,总有勇敢的"光棍猴",具有挑战精神,它随时关注着一些家庭中"家长"的状况,一旦大公猴出现衰弱情况,马上取而代之。

# 第二篇 金丝猴的个体行为模式

动物的各种行为,都是在演化过程中为了适应其生存环境而形成的。科学家通过长期观察研究,确定了川金丝猴有54项典型行为及其动作模式。其中有45项是群内个体之间用以进行社会交往的社会行为节目,包括8种在其他灵长类物种中还未发现和或比较少见的。

在54种行为中,分为非社会行为(个体独处行为)和社会行为(个体间交际行为)两大类。

非社会行为节目(社会独处行为)包括:独自睡觉,独自坐在一处,独自走路,独自跑步,自我理毛、喝水、寻找食物、吃东西。

社会行为节目(个体间交际行为)包括7种行为类型:亲密行为,作威行为,威胁行为,攻击行为,屈服行为,繁殖行为,母性和幼儿行为,每一类型又包括若干具体行为。

# 亲密行为

### 趋近
某一个体向另一个体走去，靠近或紧密相挨。

### 跟随
某一个体行走，另一个体跟随其后。

### 离开
一个体走到另一个体身边，后者站起并离开；或两个个体在一起，其中一个体离去。

金丝猴　绿野哥嗓

◀ **挨坐**
两个体坐在一起，身体相互接触，但手臂和腿部不与对方相交或拥抱。

▶ **抱腰**
友谊有时又带有轻微惩罚的意味。某一个体在另一个体的身后抱其腰部，有时还向怀里拉几下。通常抱腰发起者的等级高于接受者。

**拥抱** ▶
两个个体腹部相对并紧挨，一方或双方伸出双臂抱住对方，一方的头部放在另一方的胸前或肩上，尾巴围绕在身边，脸部表情放松，有时发出呜呜柔和的声音。

**吻背**
在抱腰行为发生时，发起者同时用嘴部轻压或舔几下接受者的腰部。

**理毛** ▼
指某一个体给另一个体清理皮毛的行为。梳理者采取坐姿，双手分理被梳理者的毛发。目光注视着手的动作，嘴微微张动，发出轻微的吧嗒声。并时时用嘴碰触毛发，清理异物。

◀ **快理**
抚慰与和解行为。有时一个个体邀请另一个体理毛，或在双方个体发生冲突之后，被邀请的一方或冲突的一方有时给对方进行快速而短暂的理毛以示抚慰或和解。

**邀请** ▽

某一个体对另一个体的示意邀请行为。邀请的内容多为理毛、拥抱和游戏等等。其行为模式是多样的，有时走近对方拉拉手，有时碰碰对方，有时把一侧的肩头靠向对方，有时在对方的身边躺下等，以示邀请。

△ **张嘴**

发起者把嘴张开，不明显露齿。

◁ **触碰**

某一个体用身体去接触另一个体身体的某一部位。

**拉手** ▷

某一个体拉住另一个体的手。

## 目光交流

一个体用眼光寻找另一个体的眼光,引导后者注意或观看某种状况或事物。

## 乞食

一个体把嘴部伸到另一正在吃食个体的嘴边,要求得到食物。发起者多为年幼者。

## 抓拿

某一个体抓抢或拿走另一个体的食物,而对方或让其拿走,或抢回,或进行威胁,甚至引起冲突。

## 无性爬背

只有爬背的行为模式,而无其他性行为节目相随,这种行为常出现在同性之间,尤其是在雄性之间。

## 游戏

此行为多发生在幼年或少年猴之间。半张着嘴,脸部肌肉放松,头微微摇动。游戏模式是多样的,如抓拍对方的头或肩,头对头地前进或后退,扭抱一起打滚,互相追咬、追赶或奔跑等等。

# 作威行为

　　作威——某个体在族群内显示自己的社会地位和强壮体魄的行为。用较大的动作如震跳、狂跑、摇树等，使身边的物件发出巨大响声以示其威风。作威一般发生在群体迁移时。

　　替代——社会等级高者取代等级低者优势位置（如凉爽、温暖或取食方便等位置）。如社会等级高者走向正处在优势位置的等级低者时，后者让出该位置称作回避行为，前者占领该位置称为替代行为。

# 威胁行为

瞪咕

发起者除头向前倾，闭嘴瞪眼之外，还发出咕咕之声。

### 瞪眼 ▶

瞪眼是一种最轻微的威胁行为。发起者头向前倾，闭嘴瞪眼注视对方。

### ◀ 对瞪

双向威胁行为。冲突双方相对站立，互相瞪眼。

### ◀ 正步走向

某一个体头部前倾，闭着嘴，迈着正步径直走向对方。有兴师问罪之势。

攻击行为

### 赶走
一个体跑向另一个体，后者赶快逃逸后，前者站住。

### 摔跤
两个体在发生冲突时，双方都用手去抓对方的头、颈、肩等部位的毛，有时一方把另一方的毛抓住后，能把对方抡起摔下来。

### 冲向
一个体向另一个体猛冲过来站住，后者原地不动或逃走。

### 咬住
某个体用嘴去咬另一个体。是攻击行为中强度最大的。

### 抓打
某个体用手抓或打另一个体。

### 追赶
一个体追赶另一个体，后者在前跑，前者在后追出一段距离。

## 屈服行为

**回避**

替代与回避是相对的行为。

◀ **蜷缩**

　　屈服者采取坐姿，上身向前弓，缩颈、耸肩，低头，眉毛放松，目光向下，有时张嘴，下巴内收，前臂放在大腿上，手放在膝盖上，腿蜷缩在身下，两腿并拢，尾巴自然下垂。

**退却** ▼

　　个体受到威胁或攻击时，面向对手退几步或转身走开几步后，与对方对峙。

**逃逸** ▲

个体受到威胁或攻击时逃跑。

# 繁殖行为

匍匐 ▶

在性行为前，雌性个体向雄性个体邀请交配的行为，采用匍匐的动作模式，简称邀配行为。事先雌性先看雄性一眼，与雄性对视，眉目传情之后再跑一小段，然后把面部和腹部紧贴地面，前肢弯曲向前，后肢靠近腹部，尾巴自由放下，接受雄性交配。

虽然在其他灵长类动物中均有邀配行为，但大多呈臀或头部振颤模式，惟有金丝猴的邀配行为称为"匍匐"。

◀ 爬背

  雌雄两性的性行为是以雄性的爬背行为开始。雄性身体前倾，腹部与雌性背部相挨，双手抓扶在雌性的背部，头向下，尾巴自然下垂，有时发出轻柔的声音。与此同时，雌性也相当配合地将其臀部向上翘，有时还把头歪过来，与雄性目光相对视，双双满眼柔情，显示着灵长类的甜蜜幸福。完整的性行为还包括阴茎插入、抽动和射精等行为过程。

## 川金丝猴以下几种较为典型、独特行为，有别于其他灵长类动物

### ◁ 瞪咕

这种行为是川金丝猴普遍存在的威胁行为的重要模式，某一个体向另一个体瞪眼，并闭着嘴发出咕咕声，发出的声音越长，威胁之意越强烈。这与其他物种威胁对方时都是以张着嘴发声而完全不同。

### ◁ 张嘴

这种行为在川金丝猴的社会交往中很普遍，是和解行为的重要模式。成年雄性，尤其是家长，边走边张嘴，以表示友好和无害，与人类的挥手示意相似。这与其他物种的张嘴多半是表示威胁或攻击而完全不同。

### 快理 ▷

个体在发生争斗之后，有一系列和解行为模式，如张嘴、拥抱、挨坐、握手以及理毛等等，而快理是最常出现的行为。除和解外，在受邀请理毛时也出现快理，为抚慰对方，就快理几下交差了事。

◁ **对瞪**

也是双向的威胁行为,是一方对另一方威胁的回应,互不相让。这与川金丝猴相对宽松的社会等级关系有密切关联。在其他物种中等级关系森严的情况下是不会出现对峙行为的。

**退却** ▷

某个体受到威胁或攻击后,虽处于弱势地位,并不快速逃走,而是面对攻击者向后退,或是向后走几步再回头对峙,这是一种不甘屈服的表现,都是在等级关系不太严格的社会中才会出现。

◁ **正步走向**

某个体(多为成年雄性)踩着正步闭着嘴走向另一个体,以示威胁。非常有趣的是川金丝猴张着嘴为友好,闭着嘴则为威胁行为,一张一闭之功能完全不同。

**蜷缩**

在功能上与其他灵长类"呈臀"行为相对应。川金丝猴没有面对威胁呈臀的行为,而是以蜷缩作为屈服。

# 第三篇　金丝猴的活动规律与节奏

金丝猴每天活动时间有较强的规律性。昼间活动有摄食、休息、理毛、移动等5种类型。野生金丝猴昼间活动中有两个摄食高峰，分别在每天的早上和下午。中午有较长时间的休息。摄食和休息是它们的主要活动类型，占全部活动时间的62%。不同季节存在着显著差异，通常夏、秋季摄食和休息时间所占比例大于春季和冬季。

早上太阳出山时金丝猴开始进行摄食活动。中午11～12时，经过几个小时的移动和摄食活动之后，在支梁上选择高大的树上休息，这时，猴群相对不移动，每个家庭各自占据着1～2棵大树，当然此时也是辩认家族、家庭、个体关系的极佳时机。下中2～3时，金丝猴又开始了觅食活动，至太阳落坡时，选择好山梁小峰，群居在针叶树上过夜。通常是大猴在外围着小猴，一为照护小猴安全，二为小猴遮挡风寒。每年5～8月间，天气转暖，金丝猴会向较高的山岭转移，避暑度夏。8～9月一过，又向较低的山间搬家，以收获秋天的果实。

休息时，有的金丝猴会趴伏在树干上睡觉，不睡觉的猴子则相互理毛。它们在理毛过程中，不时地捉一种小东西送入口中吃下去，有人以为它在帮别的猴子抓虱子。其实猴类的皮肤上会分泌一些盐状的晶体物，它们相互从毛丛中找到这种盐粒吃下去。这种分泌物是猴类不可缺少的营养物。这么看来，它们这种相互理毛行为既表示了相互间的亲昵，也为自己找到了营养物。

当冬季来临，最后一片树叶落下的时候，北方的大雪也如期而至，森林已是一片萧瑟。树皮和芽苞是金丝猴度过冬天的主要食物。生活在严寒的北方，它们的胃已经变得更加强韧。但是，光靠树皮不能提供足够的能量，冬天猴群的体力比较虚弱。它们需要互相依偎在一起，保持体温。冬季活动的最低海拔可降至800m。

# 第四篇 金丝猴种群繁衍特征

金丝猴在3～4岁已有性行为，5～6岁才能真正达到性成熟，具有繁殖能力。每年的9～11月，是金丝猴的主要婚配期，这时的交配行为相对集中，一只公猴每天可与2～3只母猴进行交配。当然其他季节也有交配行为（这与其他灵长类动物近似），不定期地过着属于它们的性生活，同时也体现着雄性家长的能力和强盛。在婚配期，雌性金丝猴可能由于处于排卵期，性欲相对较强，往往主动向雄猴示爱。雌金丝猴示爱方式是在雄猴身前，两前肢向前伸出，爬伏于地面或平形的树干上，后臀翘起（即匍匐行为），这时雄猴见状，便开始爬跨交配。交配时间多在10～20秒。交配完后，雄猴坐在一边休息，雌猴却依偎在雄猴身边，时而为雄猴理毛，有的还去舔抚雄猴的阴茎，表现出无尽的恩爱。

雌金丝猴怀孕期7个月左右。产仔多在3~4月份。金丝猴通常每两年生一胎,如果当年小仔意外夭折,第二年将会再生一胎,每胎一般只产一仔。在动物园有少数产双胞胎的记录。

刚生的猴婴

亚成体

幼体

青年雄性

青年雌性

成年雌性

成年雄性

初生的小金丝猴,毛色灰褐,15天后逐渐变成乳黄色,1岁以后变为灰白色。母猴对小猴关怀备至,总是把它紧紧抱在怀里,行走时也让小猴抓住它的腋下或腹部,还不时地把小猴的尾巴揭起,闻闻它是否有大小便。当小猴长到1岁多时,开始断奶,4~5岁便能独立生活了。

# 第五篇　金丝猴对生存环境的利用

秦岭的金丝猴分布的最高海拔为2400m，最低活动至海拔1200m。活动海拔的上限是2400m以上的暗针叶林带，这里树种单一，可供金丝猴取食的食物资源较少；活动的最低海拔1200m并不是金丝猴实际生理活动下限，而是因为1200m以下地区均被人类占领，人类的农业耕种，放牧及其他生产生活的干扰，限制了金丝猴向更低海拔活动。

林麝

猪獾

松鼠

秦岭的金丝猴主要栖息地横跨两个植被垂直分布带：海拔800～1800m的低山、中山区为暖温带落叶阔叶林带。土壤主要为山地黄棕壤和山地棕壤，代表性植被类型为落叶阔叶林。落叶阔叶乔木栓皮栎、麻栎、锐齿栎为主，其次是化香、漆树、板栗、茅栗、壳斗栎等。针叶树以油松和华山松为主，下部有马尾松分布。本区域内还有常绿阔叶乔木，但数量显著减少。海拔1800m以上有巴山木竹分布。巴山木竹为大熊猫在秦岭主食的两种竹之一，且为大熊猫冬、春季（10月至翌年6月）的食物。本林带内的动物有大熊猫、金丝猴、大灵猫、小灵猫、金猫、豹、豪猪、林麝、狗獾、狍等。

春季栖息地

夏季栖息地

秋季栖息地

海拔 1800～2400m 之间的中山区为针、阔叶混交林带。土壤为山地棕壤。代表性植被类型为山地针、阔叶混交林。其中 2300m 以下为华山松、铁杉、阔叶混交林亚带。针叶林的优势种为华山松和铁杉，少有油松（下部）和云杉、巴山冷杉。阔叶树种以红桦、白桦为主，并有山杨、漆树、鹅耳枥等。优势种为华山松。2300m 以上为红桦、冷杉混交林亚带。针叶树种中冷杉、云杉明显增多，另有少量的铁杉和华山松。阔叶树种以红桦、牛皮桦为主。伴生种类有白桦、亮叶桦、坚桦、多脉鹅耳枥和山杨。本亚带中优势种为红桦和牛皮桦，有的地方可形成桦木林。林下有秦岭箭竹，是大熊猫夏、秋季的主要食物基地，又称大熊猫的夏居地。该区域内的动物有金丝猴、小灵猫、金猫、小麂、毛冠鹿、豪猪、狼、林麝和血雉等。

大熊猫

鬣羚

党参

红叶

冬季栖息地

每群金丝猴有固定的活动区域和路线，冬春季活动在低、中山阔叶林和针阔叶混交林中，夏秋季则活动在中山区针阔叶混交林和针叶林中，所占有的空间主要是郁郁葱葱的树冠。由于活动区域及路线较固定，因此在某一地区，每年到达的时间相对固定。例如在陕西佛坪国家级自然保护区三官庙瓦房沟海拔1600m处，年复一年在此地活动的时间是4月7～12日。这种活动的规律性，完全同其食物生长密切相关。

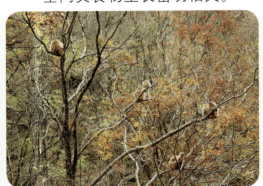

## 第六篇 金丝猴的食性

黔金丝猴与川金丝猴的食性近似，
均以多种植物的叶、芽、花、果及树皮和野生真菌类为食。
滇金丝猴由于分布区的栖息地处于高海拔的暗针叶林带，
缺少果类食物和阔叶树的嫩芽及枝皮类食物，
因此，常年均以松萝为主食。

丝螺花

榛子

猴头菇

川金丝猴是杂食性动物，主食植物，以树的幼芽嫩叶和挂在树上附生的丝状地衣、松萝，以及大树皮上附生的块状地衣等为食。春夏季以各种嫩芽、鲜叶、花、嫩根、嫩草及藤皮、竹笋、野生真菌等为食；秋冬则以各种树叶、籽实、浆果、核果、坚果、蒴果、树皮为食。所食之植物达30余种，常见的有大叶女贞、小叶女贞、水冬瓜、黄华柳、红皮柳、榔榆、大叶黄杨、小叶黄杨、山樱桃、构树、桑树、华西忍冬、欧李、山桃、毛栗、桦树、冠果忍冬、黄栌、秀球藤、圆叶鼠李、陕西山楂、光海棠、箭竹（笋）、蔷薇、松萝等，偶尔也吃些昆虫和鸟蛋。

夹楣果

野核桃

山茱萸果

# 第七篇　金丝猴的生存对策

## 常见疾病

金丝猴的寿命，在人工圈养下最长的为17岁，多数为15岁左右。野生金丝猴的寿命目前尚不清楚。在金丝猴的一生中，会出现许多疾病，最常见的有以下几种。

**消化系统疾病：** 人工饲养下常见的是消化不良，表现胀肚，打膈。还有发生肠套叠而形成肠梗阻。

**内寄生虫：** 体内多见的是毛首线虫（又称鞭虫），其次是蛔虫。它们主要寄生于金丝猴的消化道，寄生虫大量产生会引起消化道并发症。

**老年性疾病：** 主要以口腔性疾病为主，其类型有牙龈增生、牙根发炎、牙床糜烂、牙脱落而出现齿槽炎症等，导致进食困难，营养缺失而衰亡。

　　金丝猴在冬春季节的食物资源匮乏时期，多数猴群的个体数量为20～50只，最大的群不足百只；而在夏、秋季节食物丰富之时，可见到100～200余只的大群。这种分群现象主要是为应对食物的不足，以小群活动有利于获得足够的食物。夏秋季节集大群活动，不存在食物不足，更大的好处是有利于遗传基因的交流和便于其社会的交流。

## 环境保护色

川金丝猴的毛色随着季节的不同而发生变化。

每年春天开始换毛，脱去长毛，以其短毛的凉爽适应夏日的炎热，因而春、夏季节的毛色以深灰色为主，雄性猴的金黄色毛在这个季节也变得深灰；

春季毛色

春夏季毛色

秋冬季毛色

只有到了秋季，随着树叶变黄或变红，它的短毛长长，毛色又变得金黄或黄红色，这时金丝猴是最漂亮的季节。它的毛色变化同阔叶林树叶的色调相一致，使自己不易被天敌猛禽所发现，起到了保护色的作用，这是它们长期过着树栖生活而形成的一种适应。

金色林鸲　红嘴相思鸟　大熊猫　橙翅噪鹛

## 第八篇　金丝猴的伴生动物

　　分布在秦岭的川金丝猴，与四川、湖北、甘肃等地的川金丝猴栖息地内的伴生物种近似，许多是属于我国一级重点保护的种类，如大熊猫、豹、羚牛、林麝等；属于我国二级重点保护的种类有豺、黑熊、黄喉貂、水獭、大灵猫、小灵猫、金猫、鬣羚、斑羚等；此外还有野猪、豪猪、毛冠鹿、竹鼠等生活于此。珍稀鸟类有血雉、红腹角雉、勺鸡、红腹锦鸡等，这些种类都属于国家一二级重点保护野生动物，另有锈脸钩嘴鹛、棕颈钩嘴鹛、橙翅噪鹛、白喉噪鹛、

蓝喉太阳鸟、红嘴相思鸟等,还有许多山地爬行类和两栖类动物也分布于此。它们长期和谐相处,彼此无争。

最大特点是在许多地区金丝猴同大熊猫同处一地,常可见到金丝猴在树上活动,而大熊猫则在树下的竹林中取食。

在自然界中,金丝猴的天敌主要是大型猛禽类对其幼仔的危害,金丝猴在幼年时期最易受到天敌危害。

# 第九篇　来自人类的威胁

公路

铁路

与自然界的天敌相比，人类的手段更甚。《山海经》、《尔雅》、《楚辞》等古籍中都有对金丝猴的记载。古代，陕西境内的陇山和大巴山与秦岭之间的山区，均有金丝猴分布。明清时期，陕西中部和南部的30多个县都能见到金丝猴，而人们对金丝猴的猎杀从未停止过。

　　《明一统志·陕西·凤翔府》记载："似猴而大，毛赤黄钯，人取皮作鞍褥，出随陇州。"可见那时候的金丝猴就受到皮毛商的青睐。

　　金丝猴的皮张价值昂贵，为高级裘皮原料，具有防寒隔湿、驱邪之功；其骨肉为名贵中药。自古以来，当地一些愚昧的乡绅和一些封建的达官贵人，甚至以拥有金丝猴皮作为权力与地位的象征，因此也不惜一切手段乱捕乱杀。20世纪60年代初，金丝猴即被中国政府列为国家一类保护动物，但仍然成为盗猎走私的重要目标。即使是国中之宝，也难逃罪恶之手。

　　近年来公开猎杀和猎捕金丝猴的行为逐渐减少，但盗猎者为了猎杀其他动物，而在金丝猴的栖息地安夹放套（一种用钢丝做成的活套），误伤金丝猴的事件时有发生，给金丝猴的生存构成威胁。

　　长期以来，金丝猴种群所面临的困境同大熊猫一样。在20世纪初，秦岭的金丝猴种群同四川种群都是联成一片，后来，由于铁路和公路交通的发展，以及人类大量的侵占其栖息地，将金丝猴的栖息地和种群分割成为若干个孤岛和小种群，使其遗传基因无法交流。种群出现衰退。

　　金丝猴和大熊猫一样，在与人类的栖息地争夺战中，都选择了回避、退让，直至退至高山峡谷中。人类还能期待它们退到哪里呢？如果人类再贪得无厌，将使人类的美丽邻居、血缘很近的物种面临重重困难，直至灭绝。

金丝猴皮

第十篇 未来的希望

　　环境的日益恶化引起了国家重视。1998年，中国政府在全国实施了天然林保护工程，停止了商业性采伐，进行封山育林。同时，中国政府相继实施了退耕还林、野生动植物保护等林业六大工程，借天然林保护工程、野生动植物保护工程和退耕还林工程的全面实施，野生动物旗舰物种大熊猫得到庇佑，金丝猴栖息地保护也得到了充分重视，重点林区和野生动物集中分布区相继建立了自然保护区。在四川、陕西、甘肃、湖北及重庆均对金丝猴栖息地加强了保护和建设。各地金丝猴种群的数量都有了较大发展。展望未来，金丝猴的栖息地将会得到更好的保护和发展，金丝猴种群也将不断壮大。

### 图书在版编目（CIP）数据

金丝猴/雍严格，雍立军，曹庆编著. —北京：中国林业出版社，2008.1
（绿野寻踪）
ISBN 978-7-5038-5132-2

Ⅰ.金… Ⅱ.①雍…②雍…③曹… Ⅲ.金丝猴—基本知识 Ⅳ.Q959.848

中国版本图书馆CIP数据核字（2007）第191472号

| | |
|---|---|
| **策　划** | 赵胜利　宋慧刚　尹　峰　梦　梦　卢琳琳 |
| **其他摄影人员** | 奚志农　齐晓光　李　明　翟小明 |

| | |
|---|---|
| 出　版 | 中国林业出版社（100009 北京西城区德内大街刘海胡同7号） |
| 网　址 | www.cfph.com.cn |
| E-mail | cfphz@public.bta.net.cn　电话　（010）66184477 |
| 发　行 | 新华书店北京发行所 |
| 制　作 | 北京市佳虹文化传播有限责任公司 |
| 印　刷 | 北京市达利天成印刷装订有限责任公司 |
| 版　次 | 2008年1月第1版 |
| 印　次 | 2008年1月第1次 |
| 开　本 | 880mm×1230mm　1/24 |
| 印　张 | 3 |
| 印　数 | 1~5 000册 |
| 定　价 | 20.00元 |